Te 151
694

HISTOIRE NATURELLE,

CHIMIQUE ET MÉDICALE

DU

LICHEN D'ISLANDE.

IMPRIMERIE DE VEUVE DONDEY-DUPRÉ ,

Rue Saint-Louis, No 46 , au Marais.

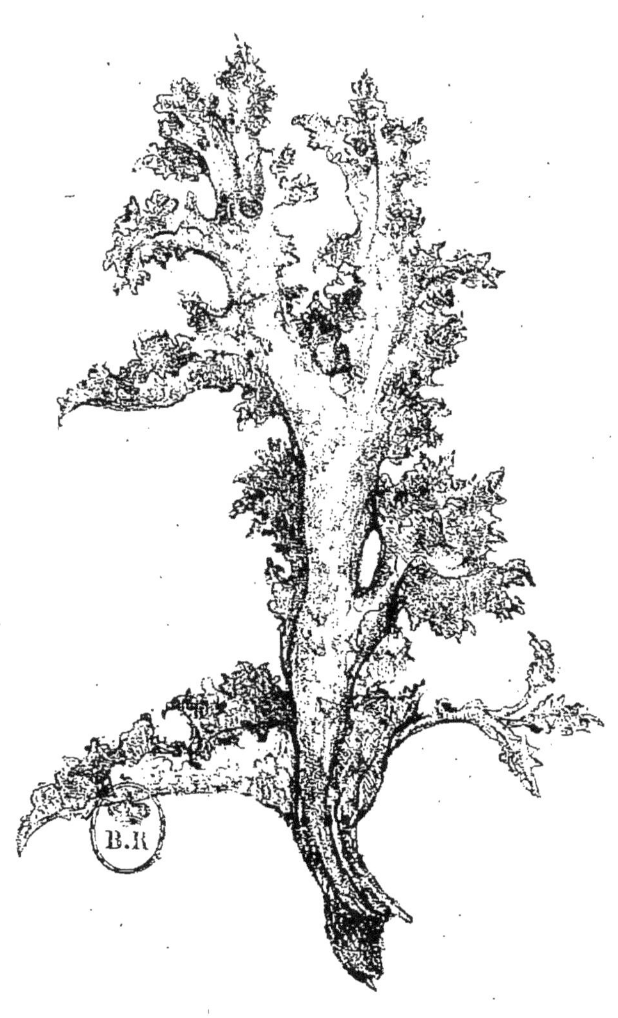

LICHEN D'ISLANDE.

Histoire du Lichen d'Islande
par Renard.

Litho. Robert, S. Huet, N.º 3.

HISTOIRE NATURELLE;

CHIMIQUE ET MÉDICALE

DU

LICHEN D'ISLANDE,

CONTENANT

LES PRÉPARATIONS PHARMACEUTIQUES ET ÉCONOMIQUES DE CETTE PLANTE,
CONSIDÉRÉE COMME ALIMENT ET COMME MÉDICAMENT.

Par I.-A. RENARD.

PHARMACIEN.

PARIS,

CHEZ L'AUTEUR, Rue Vivienne, Nᵒ 19.

—

1836.

Un homme distingué par son esprit et sa bonté, praticien savant et de sénile prudence, m'a souvent prié de faire un travail sur la composition chimique du Lichen (1). Cédant à ses conseils, j'ai commencé mes expériences; et mes notes, groupées et mises en ordre, sont devenues un Traité complet sur le Lichen. Il est à regretter que cet opuscule n'ait pu être soumis à la critique éclairée de l'habile médecin qui m'honorait de

(1) Le docteur Regnault a lui-même publié un Traité fort intéressant sur l'action médicale du Lichen, imprimé à Londres, en 1806, sous le titre *Observations on pulmonary consumption, or an Essay on the Lichen Islandicus.*

son amitié. Aujourd'hui je ne peux que rendre un juste et religieux hommage à la mémoire de **J.-B. Regnault**, médecin principal d'armée, chevalier de Saint-Michel, officier de la Légion-d'Honneur, médecin en chef de l'hôpital militaire du Gros-Caillou, etc.

HISTOIRE NATURELLE,

CHIMIQUE ET MÉDICALE

DU

LICHEN D'ISLANDE.

***

Le nom de *Lichen* est donné à une famille de plantes variées très-nombreuses (il en existe plus de six cents espèces), plantes qui sont les premières à apparaître dans les pays où la végétation, à peine visible, commence à s'établir. C'est la ressemblance que quelques-uns de ces végétaux offrent, dans leur aspect, dans leur manière de s'étendre, avec certaines maladies de la peau, qui leur a fait donner le nom de *Lichen* (λειχὴν) qui signifie *dartre* en grec.

Le *Lichen d'Islande* ne présente point une végétation brillante : sans racines, sans fleurs et sans fruits apparens, il convient à la triste nature du pays qui lui a donné son nom distinctif d'*Islande*.

La divisa del mondo ultima Islanda.

Cette plante n'est point parasite : son feuillage que l'on nomme *thalle*, s'élève au-dessus des autres mousses, et couvre le sol pierreux et volcanisé de la froide Islande.

Le Lichen est une plante inodore qui, dans les forêts, dans les prairies montueuses, dans les lieux stériles et pierreux, se présente à terre par touffes de larges feuilles ou expansions élevées de deux à trois pouces, profondément découpées, bordées de cils très-raides, presque épineux, qui, vus à la loupe, ressemblent à de petites dents aiguës, éloignées les unes des autres, aussi larges à leur base qu'à leur extrémité.

Dans les parties où la feuille se roule entièrement sur elle-même, ces cils ou aspérités se collent à la place qu'ils touchent, et ne permettent plus de dérouler la feuille. Ce fait m'indique une différence de nature entre l'extrémité des cils et les autres parties de la plante, puisque celles-ci ne se collent point entre elles; il me fait, en outre, présumer que ces cils jouent un rôle principal dans la végétation du Lichen : c'est par ces cils qu'il se nourrit ou du moins qu'il s'accroît.

Les feuilles du Lichen sont dures, lisses, divisées en ramifications linéaires, laciniées ou presque pinnatifides, souvent bifurquées; présentent des concavités et convexités très-variables, et tendent à se courber en gouttière, surtout vers le bas.

Le Lichen d'Islande est irrégulièrement coloré, offrant des parties d'un brun verdâtre ou fauve ou olivâtre et souvent d'un gris roussâtre ; mais il est plus pâle, en général, à la base de ses feuilles, qui cependant se trouvent quelquefois tachetées de rouge vif.

Très-souvent le Lichen est replié sur lui-même et forme de petits cornets ou cônes très-alongés qui contiennent une poussière noire insoluble, composée de débris de végétaux et d'une matière minérale. Ces feuilles produisent de petits vases, *cupules,* qui sont regardés communément comme la partie apparente de la fructification. Ces cupules sont assez rares, presque terminales, planes ou un peu concaves, sessiles, orbiculaires, d'un rouge brun ou de la couleur des feuilles.

Le Lichen, à l'état de sécheresse, est résistant et tout-à-fait rude au toucher ; exposé à la pluie, il perd cette rigidité, mais il reste coriace sous la dent. Tels sont les caractères physiques de cette plante que ne doivent point envier nos horticulteurs.

Le Lichen dont nous faisons l'histoire se rencontre dans beaucoup d'autres endroits que l'Islande, comme on le verra plus loin. Celui qui croît en abondance dans les landes d'Arnarvatn et d'Holtarvarde en Islande est d'un brun clair, à feuilles larges (*foliis explicitis*); mais il en existe une variété encore plus commune, qui est à feuilles plus grêles. Ces deux espèces sont employées indistinctement dans le pays comme alimens.

J'ai cherché à reconnaître un caractère disdinctif entre le Lichen provenant d'Islande et le Lichen de nos climats; je l'ai trouvé dans la couleur jaunâtre qui, dans le Lichen apporté par MM. Gaimard et Robert, domine beaucoup plus que dans celui de France. Aucune partie du Lichen apporté par ces médecins naturalistes n'est colorée en rouge vif, caractère qui se rencontre fréquemment sur les Lichens indigènes. Les expansions foliacées de ces derniers sont généralement beaucoup plus blanches. Mais ce dernier caractère ne peut guère servir de guide, parce qu'il n'est pas constant; et je tiens de M. Decaisne, botaniste du Jardin des Plantes à Paris, que la couleur blanche du Lichen dénote la jeunesse de la plante.

Ces feuilles du Lichen importé sont assez larges, à peine amères, ce qui me fait présumer qu'elles ont été immergées pendant plus ou moins de tems, afin de les mieux étendre dans l'herbier. Le lieu où ce Lichen a été recueilli pendant le voyage de *la Recherche*, en 1835, est Kikkelsolm.

Le Lichen d'Islande a été rangé par Linné dans la Cryptogamie, 24e classe de son système; dans le 3e ordre, les Algues, genre foliacé.

Ce terme de Cryptogamie est composé de deux mots grecs (κρυπτὸς γάμος) qui signifient noces cachées, parce que, dans cette classe de plantes, dont la fructification est indistincte, l'alliance des deux sexes (étamine et pistil) n'est pas encore visible, malgré les peines que se sont données à ce sujet les savans microscopiques. L'illustre Suédois que nous venons de nommer caractérise le Lichen d'Islande par ces mots :

Lichen Islandicus ; foliaceus, ascendens, laciniatus ; marginibus elevatis, ciliatis.

Jussieu met le Lichen d'Islande dans la classe 1re, ordre 2e, famille des Algues.

Le *Botanicum gallicum* (1830) place le Lichen d'Islande dans les *Cetraria-Lichenes-Acotyl.*, *seu Cellulares.*

Receptacula thalli margini obliquè adnata, segmento inferiori sessili. — Thallus foliaceus irregulariter laciniatus.

SYNONYMES DU LICHEN D'ISLANDE EN DIVERSES LANGUES.

LATINS. Lichen islandicus. *Linné.*

Muscus islandicus. *Off. Murr.*

Coralloïdes cornua damæ referens. *Tournef. Inst. rei herb.*

Cetraria islandica. *Ach.*

Lichen fronde convexa, ciliata, pustulata, obtusè ramosa, utrinque levi; ramulis brevissimis, bicornibus. *Hall. Sterp. Helv.*

Lichenoïdes rigidum eryngii folia referens. Variat thalli laciniis latioribus et perangustis, marginibus dentato-ciliatis, et omninò nudis, inermibus. *Dill. Hist. musc.*

Lichenoïdes islandiscum. *Hoff.*

Herba lichenis islandici. Lichen amaricans, coriaceus, sinuatus, lacunosus, superficie superiori cinereus, inferiori autem fuscus, multa mucilagine repletus. *Pharmac. Boruss.*

Lichen pulmonarius minor, angustifolius, spinis tenuissimis ad marginem ornatus, receptaculis florum transversè oblongis, rubris vel ex rubro ferrugineis. *Michel G. Pl.*

Muscus pulmonarius, terrestris, sanguineus. *Breyn. E. N.* Dec. I. Anno III. Obs. 289. c. ic.

Muscus Islandicus membranaceus, insigniter sinuosus, in margine spinulis ciliaribus ornatus. *Raii Hist. Pl.*

Muscus catharticus sive Islandicus, purgans. *Borrich. Act. Dan.* 1671.

Physcia Islandica. Thallo cespitoso, erecto, sub-cartilagineo, olivaceo-castaneo, subtus albidiori; laciniis multifidis, canaliculatis, dentato-ciliatis, fertilibus, dilatatis, apotheciis, adpressis, planis, concoloribus ; margine elevato, integerrimo ; ad terram, in campis apricis et sylvis montosis. *Decand. Fl. Fr.* 2, p. 399.

(Le savant M. Virey se trompe lorsqu'il appelle le lichen d'Islande *Cladonia Islandica,* lisez : *Cetraria.*)

Français. Lichen d'Islande.

Italien. Lichene d'Islanda.

Espagnol. Lichen de Islanda.

Portugais. Musco da Islanda.

Allemand. Islaendicher moos.
   Purgier moss.
   Blutlungen moos.

Anglais. Iceland lichen.
   Iceland liverwort.
   Iceland moss.

Hollandais. Yslandsch mos.

Danois. Islands moss.
   Fiœldegraes (herbe des rochers).

Suédois. Islands mossa.

Islandais. Fjallagros (1) (herbe de montagne).

Le Lichen d'Islande est abondant dans la Pologne et dans les régions septentrionales, mais on en trouve aussi au midi de l'Europe, jusqu'en Italie. En France, il est indigène :

---

(1) C'est à M. le docteur Gaimard que je dois l'orthographe du mot islandais. Je l'ai trouvé écrit *fiœllgræs* et *fiallgroes,* dans des auteurs danois, qui, suivant M. Gaimard, écrivent fort mal l'islandais.

Tournefort l'a vu dans les environs de Paris. Il en existe dans les environs de Lyon. Dillenius dit que le Lichen d'Islande croît dans les environs de Londres et de Cambridge. Newberry l'a vu sur les rochers du Devonshire à Dartmoor. Il a été observé près d'Édimbourg et dans plusieurs montagnes de l'Écosse. Oeder l'a étudié dans la Norwége. Lorsque j'ai traversé dans plusieurs sens la longue chaîne des Alpes, j'ai eu occasion de rencontrer le Lichen d'Islande; je l'ai vu, en outre, dans les montagnes de la Silésie. Stoll dit qu'il existe en grande quantité dans la Hongrie, mais je ne l'ai point vu dans les environs de Presbourg et d'Édimbourg, faible partie du royaume de Hongrie que j'ai parcourue. Hagen dit qu'on le trouve dans la Prusse.

La Saxe fournit beaucoup de Lichen, mais les lieux où on le trouve en plus grande quantité sont la Laponie et l'Islande. Il faut trois ans au Lichen pour qu'il parvienne à son entière croissance. On va récolter le Lichen dans les endroits pierreux, où il ne vient aucune autre herbe, afin de l'obtenir sans mélange, et l'on choisit un tems pluvieux, parce qu'alors il se détache facilement, et qu'il ne se brise pas dans les doigts. Si l'été est sec, on fait la récolte pendant la nuit.

On rapporte que les Islandais vont en cara-
vane recueillir le Lichen dans les endroits où il
abonde ; ils le rapportent dans des sacs, en sé-
parent les substances étrangères, le lavent, le
dessèchent, et le font moudre. Lorsqu'ils veu-
lent l'employer, ils trempent la farine dans
l'eau, laissent reposer le mélange pendant
vingt-quatre heures, ajoutent ensuite du lait,
font bouillir, et mangent froide la bouillie
qu'ils ont ainsi préparée.

Cet aliment, d'un usage journalier, est salu-
bre et suffisamment substantiel, même pour des
hommes soumis à de rudes travaux. On rapporte
à ce sujet qu'en 1788, il fut une ressource pré-
cieuse pour des botanistes suédois que la science
conduisit en Laponie, et qui y éprouvèrent
une grande disette de vivres : pendant qua-
torze jours, le Lichen fut presque leur seule
nourriture. On a essayé autrefois de faire du
pain composé d'un mélange de farine et de Lichen, mais on a obtenu un pain noir et amer.

Plusieurs autres espèces de Lichens sont employées dans la médecine et dans les arts. Le
Codex pour les pharmaciens de France indique
huit espèces de Lichens.

Les Islandais remplacent souvent le *Lichen
Islandicus* par les *L. Nivalis* et *Proboscidus*. Ils
nomment ce dernier *geitnaskóf*.

Les Russes septentrionaux emploient à leur nourriture et à celle de leurs rennes les *L. Esculentus* et *Rangiferinus*. Un des Lichens les plus préconisés contre la phthisie et les hémorragies est le *L. Pulmonarius*, la pulmonaire de chêne. Mais celui qui incontestablement tient le premier rang est le Lichen d'Islande.

On ne découvre point de fibres végétales à l'intérieur de cette plante qui s'offre dans le commerce dans un état de sécheresse extrême. Malgré cet état et malgré sa grande légèreté, elle brûle moins facilement que la plupart des autres végétaux desséchés. La torréfaction la plus forte ne lui enlève que très-imparfaitement son amertume, chose assez remarquable, puisqu'on verra plus tard qu'il suffit d'une très-faible chaleur pour faire perdre au principe amer, quand il est isolé, sa propriété distinctive, l'amertume (1). La légèreté du Lichen le rend attirable par les corps idio-électriques. Si

---

(1) Le Lichen brûlé au moyen de l'oxide de cuivre, de manière à réduire son carbone en acide carbonique, et son hydrogène en eau, ne fournit point l'azote que les corps azotés laissent recueillir à l'état de gaz quand ils sont traités par ce procédé, ce qui contredit les premiers essais de M. Berzélius sur le lichen. Ce chimiste avait d'abord annoncé une matière de nature animale, mais lui-même, comme nous le verrons, a, dans un beau travail, constaté plus tard l'absence de toute matière azotée dans le Lichen.

on le plonge dans l'eau, il ressemble, au bout
de quelque tems d'immersion, à une membrane
animale, et il devient à demi transparent dans
ses parties les moins colorées, mais seulement
quand il est vu par réflexion.

Un de nos pharmacologistes parle de la feuille
écorcée du lichen. S'il existe des enveloppes et
des écorces dans cette plante, elles échappent
à la vue, et à plus forte raison à nos manipu-
lations proprement dites. On lit dans un traité
sur le Lichen que cette plante mâchée se fond
dans la bouche; la vérité est, au contraire, que
le Lichen cède très-difficilement ses principes
constituans à la salive. Sa saveur, après quelques secondes de mastication, est amère sans
être fort désagréable. Il arrive toujours que
quelques portions de feuilles mâchées adhèrent
au gosier et l'excitent par une action chimique
et physique due à leur amertume et à leur extrême élasticité. Cette dernière propriété fait
que le Lichen est une des substances les plus
difficiles à mettre en poudre, si, au préalable,
on ne le soumet pas pendant quelque tems à
une température de 60°. Les Islandais, avant
de le pulvériser, le font sécher au four. L'eau
froide, sans action sur la partie féculente de la
feuille, en a une assez prompte sur son principe amer, qui donne à cette eau une couleur

jaunâtre et une odeur spéciale rappelant celle
des plantes sous-marines.

Le chimiste Proust, et après lui plusieurs de
ceux qui ont écrit sur le Lichen, ont dit qu'il
suffisait d'une macération plus ou moins prolongée dans l'eau froide pour enlever l'amer du
Lichen ; mais il est bien certain que la plante
reste encore assez amère pour ne pouvoir faire
un aliment agréable. Il faut observer qu'il existe
des Lichens plus ou moins chargés du principe
amer. Il est probable que Proust opérait sur des
Lichens blanchâtres. J'ai fait macérer à 12°, pendant quatre jours, dans deux eaux très-abon-
dantes, du Lichen offrant des couleurs variées et
très-prononcées, et, au bout de ce tems, la
plante conservait une légère amertume. Ainsi
humecté, le Lichen cède sous la dent, mais il
est encore assez ferme et fait sentir une force
répulsive. Je dois dire que j'ai trouvé des feuilles de Lichen que plusieurs macérations et affusions d'eau froide privaient entièrement d'amertume ; mais ces feuilles se rencontrent rarement,
et, en général, il faut, pour priver la plante de
son amertume par l'eau simple, tant d'affusions
et de macérations cohobées que ce procédé est
à peu près impraticable. Le Lichen que j'ai reçu
d'Hambourg était beaucoup plus amer que celui de France. J'ai reconnu, ce qui a été ignoré

jusqu'à ce jour, que le principe amer du Lichen se trouve en abondance dans les parties rouges des feuilles, et en quantité beaucoup moindre dans les expansions foliacées brunes et blanches. Les parties rouges de la plante ne donnent à l'eau froide qu'une couleur jaunâtre ; les autres parties des feuilles donnent la même couleur à l'eau , mais avec moins d'intensité : dans tous les cas, on est loin d'obtenir la couleur d'un très-beau jaune foncé que présente l'eau de macération du *Lichen pulmonarius*. L'eau d'une macération de Lichen rouge donne, par l'acide sulfurique étendu , un précipité roussâtre qui ne change point d'aspect par la teinture de noix de galle. Cette macération contient une grande quantité de l'amer du Lichen qui lui donne la propriété de se conserver très-long-tems sans se putréfier. La macération des feuilles blanches a l'odeur des plantes sous-marines, et elle devient putride en peu de tems. Le Lichen noirâtre donne une eau qui tient le milieu, pour les propriétés, entre les feuilles blanches et les feuilles colorées en rouge.

La macération aqueuse de Lichen, faite à 12° de température et non filtrée, est jaunâtre et trouble ; l'eau ammoniacale la rend très-limpide. Le papier de tournesol et celui de curcuma n'éprouvent point de modification de couleur par cette macération.

M. Berzélius dit pourtant qu'une macération faite à 20° rougit la teinture de tournesol. La macération de Lichen filtrée est troublée par l'hydrochlorate barytique, mais le dépôt n'est point un sulfate. Le nitrate d'argent n'y dénote point la présence d'un hydrochlorate. La solution d'alun la trouble, et la liqueur, devenue claire, reste jaune après la formation d'un précipité jaunâtre. Le sel d'oseille y est décomposé, et il se précipite de l'oxalate de chaux. L'acétate de plomb et le sous-nitrate de mercure donnent un précipité jaune, et décolorent presque entièrement le liquide. Les sous-carbonates alcalins lui donnent une teinte très-foncée, le sulfate de fer la trouble; on voit apparaître une couleur noirâtre foncée, dans laquelle on distingue bientôt une couleur pourpre assez prononcée. L'acide gallique donne naissance à cette dernière teinte qui se manifeste encore davantage dans le précipité, même lorsqu'il est bien disposé. L'absence du tannin est constatée dans la macération à 20° par l'absence de précipité avec la dissolution de gélatine animale. L'eau de chaux y produit un précipité qui passe au brun-noir, et qui, séparé par le filtre, séché et brûlé, donne un résidu dont la dissolution, qui a lieu avec effervescence par l'acide hydrochlorique, fournit à l'aide de l'ammoniaque un précipité qui se trouve être du phosphate de chaux.

On mange journellement en Islande le Lichen grossièrement préparé et nettoyé. Une tonne de cette mousse qui a subi la préparation indispensable, pesant environ soixante-dix kilogrammes, ne coûte que 6 à 8 francs.

M. le docteur Gaimard, qui a vécu avec les Islandais, m'a dit que ceux-ci employent un gruau de Lichen qu'ils font bouillir dans l'eau. Sur un potage suffisant pour une personne, ils versent trois ou quatre cuillerées de crême. Ce potage est délicieux. Je présume que le Lichen que mange la classe du peuple la plus pauvre offre un aliment moins agréable.

M. Westring s'est appliqué à enlever le principe amer du Lichen, afin de rendre plus général dans le nord l'emploi de cette plante comme aliment; il se servait du carbonate de potasse. Voici le procédé que j'emploie.

Versez sur une livre de Lichen mondé (1) et

---

(1) Il est très-difficile de priver entièrement le Lichen des matières qui adhèrent fortement dans ses cavités coniques. C'est sans aucun doute la cause qui a fait errer quelques chimistes dans leurs analyses.

coupé menu vingt livres d'eau froide ou un peu tiède, tenant en solution une once et demie de sous-carbonate de soude ; faites macérer le mélange pendant quarante-huit heures, ayez soin de le remuer de tems en tems. Le liquide devient roux, brunâtre et amer, et le Lichen paraît plus foncé. Il faut décanter, ne point exprimer le Lichen, pour ne pas perdre une grande quantité de la matière amilacée qui se trouve misé à nu après la macération, et qui suivrait l'eau sous forme de petits grumeaux transparens ; il faut ensuite laver le Lichen, le faire macérer de nouveau dans une eau alcaline semblable à la première que l'on a employée, et opérer comme ci-dessus par une ou deux macérations d'eau simple, jusqu'à ce qu'il n'y ait plus d'alcalinité manifeste. Mettez alors le Lichen à sécher sur des claies, puis renfermez-le pour l'usage. Le Lichen ainsi traité a perdu un sixième de son poids ; dans cet état, il convient aux malades chez lesquels son principe amer serait trop excitant. Il est propre à employer pour la confection d'un aliment très-analeptique. Au lieu de carbonate de soude, on peut se servir de carbonate de potasse que l'on emploie à dose un peu moins élevée. L'eau, avec l'un ou l'autre de ces carbonates, est beaucoup plus colorée que si elle est employée seule sur le Lichen. En versant de l'acide acétique sur la solution de sous-carbonate de soude avec laquelle j'avais traité le Lichen, j'ai obtenu un précipité abondant, insoluble dans un excès d'acide, et susceptible de se dissoudre avec rapidité, même à froid, dans une solution de sous-carbonate de soude.

L'extrait de l'eau de macération de Lichen, faite à 20°, est d'un brun-roux foncé, soluble en partie dans l'alcool qu'il colore en brun-jaune.

Cette solution alcoolique évaporée donne un résidu qui se dessèche avec peine, et qui se dissout dans l'eau à l'exception d'une substance pulvérulente qui est le principe amer du Lichen.

La solution aqueuse, dépouillée de cette poudre amère et évaporée, donne un sirop brun sucré, comme celui du sirop de drèche, laissant un arrière-goût piquant. Ce sirop, redissous dans l'eau, clarifié par le sous-acétate de plomb, privé d'oxide de plomb au moyen du carbonate d'ammoniaque, remis par évaporation à la première consistance, se trouve d'une couleur moins foncée, mais son arrière-goût est encore aussi âcre qu'auparavant.

La portion de l'extrait aqueux que l'alcool n'a point attaquée se dessèche facilement, et se convertit en une masse dure et cassante qui se dissout presque en totalité dans l'eau ; l'oxalate d'ammoniaque versé dans cette dissolution forme un précipité d'oxalate de chaux. Si, après la précipitation de cet oxalate, on évapore la liqueur, on en brûle le résidu , on en lessive les cendres, on en neutralise l'alcali par l'acide nitreux , on pourra, à l'aide de l'eau de chaux, précipiter de cette lessive du phosphate de chaux.

Le Lichen, épuisé de ses parties solubles dans l'eau froide, en fournit encore de nouvelles à froid dans une eau alcalisée par le carbonate de potasse ; le produit des trois macérations est très-amer : évaporé à siccité dans une capsule de porcelaine, il laisse une masse d'un brun-roux, dure, qui n'a plus la moindre amertume, qui est presque entièrement insoluble dans l'alcool, et très-peu soluble dans l'éther.

L'eau bouillante versée sur le Lichen donne un infusé limpide, qui rougit par le sulfate de fer, et qui, par l'acte de la fermentation , perd son principe amer.

La pulvérisation n'a pas augmenté ni diminué la solubilité du Lichen dans l'eau froide. *Voyez l'observation* (A) *à la fin de cet ouvrage.*

EXTRACTION DE LA PARTIE AMILACÉE DU LICHEN, PARTIE DÉSI-
GNÉE SOUS LES NOMS DIVERS DE GÉLATINE, DE FÉCULE, DE
GELÉE, D'AMIDON, DE LICHEN ALIMENTAIRE, ETC.

Plusieurs espèces de Lichens renferment une sorte de gélatine que M. Berzélius appelle amidon : elle ressemble beaucoup, en effet, à l'amidon ordinaire, sauf qu'elle ne se trouve pas à l'état farineux dans la plante. C'est surtout dans le Lichen d'Islande qu'on en a trouvé ; mais le *Lichen plicatus* et le *Lichen barbatus* en renferment aussi.

Le Lichen, soumis dans l'eau à une décoction d'un quart d'heure, devient tendre, et augmente de volume. L'eau bouillante prend une couleur d'un jaune-brun ; elle a une action si dissolvante sur le Lichen, que la solution, de claire qu'elle est d'abord, devient chargée, trouble en se refroidissant, et se solidifie en gelée amère. Il faut peu de Lichen pour donner de l'amertume : un demi-gros dans quatre onces d'eau bouillante lui donne une couleur fauve et une saveur amère très-prononcée.

La décoction de Lichen est légèrement odorante, bien que la plante ne le soit pas. Cette odeur n'est bien manifestée que dans la décoction aqueuse ; avec le lait, l'odeur est presque nulle, et la saveur est beaucoup plus douce.

Cette décoction laiteuse peut se conserver plusieurs jours sans se cailler.

J'ai fait l'examen de l'état des feuilles du Lichen ramollies après une première décoction , et j'ai remarqué que leur partie convexe est restée lisse et semble inattaquée par l'eau bouillante, tandis que la face concave offre une foule de mamelons gélatineux ou petites glandes qui se sont tuméfiées par l'action de l'eau chaude. Il se présente cependant des feuilles de Lichen qui offrent exceptionnellement ces tuméfactions glandulaires sur l'une et l'autre face. A l'état de sécheresse, rien n'indique à l'œil cette différence d'organisation des deux surfaces du Lichen.

Une once de Lichen d'Islande, bouilli pendant un quart-d'heure dans douze onces d'eau, donne sept onces d'un mucilage amer, égal en consistance à celui qu'on obtient en dissolvant une partie de gomme arabique dans trois parties d'eau.

De 8,00 parties de Lichen choisi , soumis à deux décoctions successives , et sans employer aucun moyen d'expression, j'ai retiré 2,08 parties d'un extrait très-sec, sous forme de belles feuilles très-larges , minces comme le papier, très-peu colorées et transparentes.

L'eau bouillante dissout avec l'amidon le

principe amer du Lichen. Ces deux substances sont , comme on l'a vu , assez facilement séparables par l'action préalable de l'eau froide , et plus promptement encore par l'action de l'eau légèrement chauffée; le médecin praticien peut donc, suivant les cas, prescrire un médicament tonique ou simplement une préparation lubréfiante. On peut aussi conserver une petite quantité du principe amer.

Pour obtenir sans amertume le principe amilacé-gélatineux, on prend deux livres de Lichen déjà traité par le procédé que j'ai décrit page 16. On le fait bouillir dans douze livres d'eau , en agitant constamment jusqu'à réduction de six livres. Il ne faut pas employer plus d'eau que je n'indique. On évapore à gros bouillons pour avoir un dégagement continuel de vapeurs qui préservent en partie du contact de l'air, et par suite de la formation des pellicules. On verse le liquide bouillant et la partie du Lichen non dissoute et gonflée sur une toile ou sur un tamis au-dessus d'un vase récipient. On donne au marc une première et légère expression , puis on l'introduit, stratifié de couches de paille ou de petites claies , dans un appareil percé de trous et entouré intérieurement d'un tissu de crin. On porte cet appareil à la presse , et l'on exprime peu à peu. On retire le Lichen et l'on cohobe avec le marc la décoction et l'expression ; les deux décoctions, réunies au produit des expressions, sont évaporées jusqu'au moment où le liquide est susceptible de se prendre en gelée par le refroidissement, ce dont on s'assure par des essais faits avec un très-petit volume de liquide mis dans un endroit frais. La liqueur reconnue congelable est passée chaude par un tamis serré, ou mieux encore par un linge, et est abandonnée au repos. D'abord limpide et incolore, cette liqueur devient bientôt opaque par le refroidissement ; il se forme une pellicule à sa surface, et la gelée se coagule en prenant une teinte grisâtre. Elle se contracte peu à peu, se fendille et rejette le liquide dans lequel elle était dissoute ; si on la suspend dans une toile, ou si on la laisse sur du papier gris, le liquide s'écoule peu à peu. Cette gelée est insipide, mais elle devient fort agréable si l'on y ajoute du sucre, du vin, de la cannelle, des raisins secs, ou plusieurs autres condimens et aromates. La gelée molle obtenue par ce procédé est souvent brunâtre ; mais elle est presque incolore, si l'on a pris les précautions de lavage, etc., qui sont nécessaires.

Pour obtenir la gelée sèche ou amidon, au lieu d'ajouter le sucre, etc., etc., à la gelée

molle, on divise celle-ci par tranches, et on la
pose sur des tamis; on la retourne de tems en
tems, et au bout de quelques heures, on la
met à la presse, enveloppée dans des coutils
serrés, en séparant chaque sac avec un peu de
paille; la gelée doit rester quatre à cinq heures
à la presse. Il faut modérer la pression dans les
premiers momens pour éviter de faire passer la
gelée à travers les coutils. Il reste dans les sacs
une masse élastique que l'on divise et que l'on
porte à l'étuve. On l'en retire complètement
desséchée, noire, dure, à cassure vitreuse,
très-difficile à pulvériser et à dissoudre dans l'eau
froide. La quantité de cette gélatine ainsi obtenue varie, selon la richesse du Lichen, de un
tiers à un quart sur une partie de Lichen. Plon-
gée dans l'eau, la gélatine sèche ou amidon s'y
gonfle et perd sa couleur qui provenait d'une
matière extractive devenue insoluble; dissoute
dans l'eau bouillante, elle donne après le refroidissement une gelée tout-à-fait incolore,
mais opaque. Elle n'a point de saveur, mais une
légère odeur spéciale qui se développe généralement dans tous les produits d'une espèce quel-
conque de Lichen. Elle est insoluble dans l'alcool et dans l'éther, ne contient point d'azote,
et fournit à la combustion et à la distillation
les mêmes produits que l'amidon de pommes

de terre. L'eau qui s'écoule de la gelée d'amidon, dissoute une deuxième fois, en contient
très-peu en dissolution ; si on dissout l'amidon
de Lichen dans l'eau bouillante, et si on con-
centre la liqueur par l'ébullition, l'amidon se
rassemble à la surface de la liqueur sous forme
d'une peau qui se contracte peu à peu, présente
un corps raboteux, se dessèche et possède presque toutes les propriétés de l'amidon. Par une
ébullition long-tems prolongée, l'amidon de Lichen perd la propriété de se prendre en gelée.
Une partie d'amidon de Lichen frais forme une
gelée avec vingt-trois parties d'eau. Le chlore
que l'on fait arriver dans une dissolution chaude
et concentrée ne l'altère pas sensiblement, et
l'amidon soumis à cette opération se prend aussi
bien en gelée que l'amidon frais : l'iode le colore
faiblement, la couleur produite tient du brun
et du vert. Si on mêle une dissolution alcoolique
d'iode avec une solution chaude d'amidon dans
l'eau, l'iode se précipite d'abord, puis se re-
dissout, forme un liquide brun verdâtre, qui ,
au bout de vingt-quatre heures tire légèrement
sur le bleu. Les acides étendus dissolvent l'a-
midon de Lichen, qui perd alors la propriété
de se prendre en gelée, surtout quand on a
fait digérer le mélange. Par une ébullition prolongée, les acides transforment l'amidon en

gomme, puis en sucre. A l'aide de la digestion, l'acide nitrique dissout la gelée desséchée en laissant une poudre noire-brunâtre. Par une digestion prolongée, la dissolution donne de l'acide malique et de l'acide oxalique sans acide mucique.

De même que l'amidon ordinaire, l'amidon de Lichen s'unit aux bases salifiables ; il se dissout dans la potasse caustique ; l'eau de baryte ne trouble pas sa dissolution, mais il en est précipité par les sous-sels de plomb ; il se comporte avec le borax et l'infusion de noix de galles précisément comme l'amidon ordinaire.

Les Lichens *fustigatus* et *fraxineus* fournissent aussi une espèce de matière amilacée mêlée d'inuline, qui se dépose sous forme pulvérulente pendant le refroidissement de la décoction.

La gelée de Lichen, qui a perdu une partie de son eau par les moyens que nous avons détaillés plus haut, contient, en sortant de la presse, sept parties de gélatine sèche et vingt-six parties d'eau. Dans cet état, si on triture deux parties de sucre en poudre grossière avec une partie de gelée exprimée, et si l'on fait sécher ce mélange, on obtient un sucre lichénoïde soluble dans l'eau bouillante, et qui peut servir à des préparations extemporanées de Lichen. On emploie ici la gelée privée d'une partie de son eau pour éviter que le mélange ne passe à l'état sirupeux.

M. Coldefy-Dorly, avec quatre parties de Lichen, qu'il traite aussi par une eau alcaline, a obtenu sur les parois du vase opératoire une partie de gélatine sèche en feuilles ; il met cette gélatine en poudre et en fait usage pour obtenir en peu de tems une gelée de Lichen. A cet effet, il prend deux onces de sucre, en retire deux ou trois gros qu'il triture avec un gros et demi de sa gélatine en poudre, fait bouillir un moment ce mélange dans trois onces d'eau, et ajoute le reste du sucre.

On a proposé, pour l'extraction de la gélatine du Lichen, l'emploi de l'alcool sur le produit de la décoction gélatineuse, suivi de la distillation et de l'expression du résidu dans un linge, etc. Ce procédé ne sera point adopté, parce que le traitement par l'eau est plus simple et plus économique. C'est ce qu'a fort bien prouvé M. Page en donnant, dans le *Bulletin de Thérapeutique* du docteur Miquel, un bon procédé manipulatoire pour exprimer le Lichen. Je conseille d'employer pour cette expression un petit pressoir en fer étamé, que l'on trouvera à bon compte et parfaitement conditionné chez Fossey, rue de Tracy, n° 5.

La gelée médicale de Lichen, malgré le sucre qu'elle contient, se détache assez promptement des parois du vase, et se trouve entourée d'un liquide sirupeux. On évite cet inconvénient en ajoutant quatre parties de colle de poisson sur soixante-quatre de Lichen et sur cent vingt-cinq de sucre ; et si l'on se sert de sucre lichénoïde, il suffira d'ajouter une partie de colle de poisson sur deux cent cinquante-deux d'eau et cent quarante-quatre de sucre lichénoïde, et d'amener en consistance.

Si on prend le résidu de Lichen qui a été retiré de sa macération dans l'eau alcalisée par le carbonate de potasse, et si on le soumet à une première ébullition, on peut obtenir par le refroidissement une gelée consistante ; mais si cette ébullition est répétée trois autres fois, la liqueur qui en résulte ne se prend plus en gelée, et la masse insoluble, gonflée et d'une couleur verte, passe au noir si on la dessèche.

La gélatine coagulée, passée sur une toile, laisse échapper peu à peu un liquide qui, réuni avec celui des dernières décoctions, présente à sa surface pendant son évaporation une pellicule qui va toujours en augmentant jusqu'au moment où, coulant au fond du vase, elle est remplacée par une nouvelle pellicule.

De l'eau froide versée sur le résidu de cette

liqueur écoulée le rend gluant et en dissout une partie. Après l'évaporation de cette eau, et l'entière dessiccation de ce qui reste dans la capsule, on trouve une substance d'une couleur brune jaunâtre qui se gonfle et finit par se dissoudre dans de l'eau, en la rendant visqueuse. L'acétate de plomb, ainsi que l'alcool, forment dans cette solution un précipité; le tannin la trouble, et avec l'addition d'un peu d'alcool, on obtient un précipité qui a toute l'apparence de celui que forme la fécule par l'infusion de noix de galle. Il s'agglutine comme lui, devient coriace, et se divise dans l'eau sans s'y dissoudre.

La partie insoluble du Lichen, traitée par l'alcool, fournit une petite quantité de cire verte que contient la plante, mais point de résine.

Ces dernières expériences sont tirées d'un premier travail de M. Berzélius sur le Lichen (1). Elles ont donné pour résultat :

Sirop mêlé d'un peu d'extractif et d'une petite quantité de sel végétal. 1,5
Principe amer. 0,1

---

(1) *Bulletin de Pharmacie*, 1814.

Extractif soluble dans l'eau, mêlé de sels à base de chaux.   0,58

Extractif soluble par le carbonate de potasse..........   2,82

Les quantités des quatre substances ci-dessus sont moins fortes que celles que j'ai obtenues en employant le sous-carbonate de soude au lieu de celui de potasse :

Substance coagulable , nature gélatineuse............   20,23

Gomme formée par l'ébullition.....................   0,49

Squelette insoluble............................   14,0

L'eau saturée d'ammoniaque est colorée en roux très-foncé par le Lichen et surtout par les parties rouges des feuilles. J'ai abandonné à l'air libre , pendant plusieurs jours, le liquide séparé de la plante ; l'odeur ammoniacale n'existait plus, il avait une saveur alcaline très-peu amère. Les acides sulfurique et hydrochlorique le décolorent, et la couleur reparaît par l'addition de nouvelle ammoniaque. On pourrait se servir d'eaux ammoniacales pour enlever le principe amer ; mais il devient très-difficile de débarrasser le Lichen par le lavage des huiles empyreumatiques que contiennent les eaux ammoniacales du commerce.

L'éther froid n'a point, ou n'a que très-peu d'action sur le Lichen, qui ne le colore pas. Ce véhicule semble augmenter la rigidité du Lichen.

La teinture d'iode ne bleuït pas le Lichen dans son état naturel ; il en est de même après qu'il a subi une macération et une décoction.

La décoction elle-même ne passe pas non plus au bleu, elle prend seulement une teinte violacée brunâtre. Il n'y a donc point, quoiqu'en disent certains chimistes, similitude parfaite entre l'amidon de cette plante et l'amidon proprement dit.

L'acide sulfurique concentré dissout promptement et presqu'entièrement le Lichen, qui lui donne une couleur noire; il ne reste que quelques parties pulvérulentes charbonnées, sans consistance ni adhésion, qui ont échappé à l'action de l'acide, et qui surnagent agglomérées et légères comme la plupart des matières fuligineuses.

Un de nos chimistes prétend que l'acide sulfurique, étendu d'eau, rend le Lichen transparent. J'ai soumis le Lichen à l'action de ce véhicule, et je n'ai point trouvé cette transparence. Certaines feuilles, vues par transmission, deviennent seulement opalines. Ce sont celles qui, avant l'immersion, étaient le moins colorées. Les parties rouges et noirâtres prennent une couleur uniforme de brique pâle. Le Lichen, ainsi traité, a beaucoup de peine à perdre les dernières portions d'acide, on en retrouve encore des traces après de nombreux lavages.

L'acide nitrique convertit le Lichen en acide

oxalique. L'alcool à 33°, mis à froid sur le Lichen, est coloré, mais beaucoup moins que l'eau; il se charge, en petite portion, du principe amer. Du Lichen, soumis à deux macérations alcooliques, conservait encore de l'amertume; la plante reste rigide. L'extrait obtenu est âpre et très-amer.

L'alcool concentré, mis en ébullition avec le Lichen, dissout la chlorophylle, la matière amère et le sucre; il a servi à M. Berzélius pour le second mode d'analyse qui suit :

1° Faites digérer pendant vingt-quatre heures, et ensuite bouillir dans quatre onces d'alcool, 10 grammes de Lichen d'Islande, desséché et pulvérisé; l'alcool décanté se trouve d'une couleur brune verdâtre. Versez de nouvelles doses d'alcool, jusqu'à ce qu'il prenne plus de couleur; le Lichen alors, de vert qu'il était, est devenu gris.

2° Distillez les liqueurs réunies, réduisez à deux onces, évaporez à siccité dans une capsule de verre, vous obtiendrez une substance d'un brun verdâtre, pulvérulente, douce au toucher et un peu cohérente, du poids de 0 gr. 99.

3° Délayez cette poudre dans de l'eau tiède, et filtrez; le résidu desséché pèse 0 gr. 46. La liqueur filtrée donne, par évaporation, un sirop mêlé de cristaux, qui y adhère avec tenacité, et qui se trouve peser 0 gr. 59.

4° Pour séparer les cristaux, ajoutez de l'alcool qui dissout le sirop et laisse les cristaux salis par un peu d'extrait brun. Enlevez cet extrait avec un peu d'eau qui ne dissout qu'une partie du sel, et laissez l'autre partie absolument blanche et pesant 0 gr. 09. Ce résidu blanc est d'un goût acidule et amer; il se dissout avec peine dans la salive, rougit le papier de tournesol, brûle en répandant une odeur acide et empyreumatique, se charbonne, fournit, par l'incinération, une quantité considérable de potasse, ce qui porte M. Berzélius à penser que les cristaux sont ceux du tartre (1); mais ils sont formés véritablement de lichénate de potasse.

5° La dissolution aqueuse (N° 3) fournit par l'évaporation une masse cristallisée d'un jaune brun, qui contient aussi des lichénates de potasse et de chaux. Il faut redissoudre dans l'eau, ajouter de l'oxalate de potasse jusqu'à

---

(1) La découverte de l'acide lichénique a échappé à M. Berzélius. Il a pris pour des tartrates les combinaisons de ce nouvel acide. Je donne aux sels qu'il a trouvés dans la présente analyse leur véritable nom de lichénates.

ce que la liqueur ne soit plus troublée : le précipité est très-considérable.

Évaporez à siccité la liqueur séparée par le filtre, incinérez le résidu, lessivez les cendres, saturez par l'acide hydrochlorique, ajoutez de l'eau de chaux en excès; après quelques heures, vous trouvez un dépôt très-peu considérable de phosphate de chaux. Les 0 gr. 09 de sel acide sont donc du lichénate de potasse, mêlé d'un peu de lichénate de chaux et d'un peu de phosphate de chaux, sans mélange de sel ammoniacal, ce que vous reconnaîtrez par la chaux vive.

6° La dissolution alcoolique (N° 4), d'une saveur amère, évaporée à siccité à une chaleur très-douce, laisse un résidu de 0 gr. 4. De l'eau versée sur ce résidu le dissout, à l'exception d'une poudre brunâtre. La dissolution aqueuse a un goût douceâtre; elle fournit, par l'évaporation, un sirop semblable à celui ci-dessus mentionné, et qui, évaporé après avoir été débarrassé de l'extrait qu'il contient par l'acétate de plomb, et du plomb surabondant par le gaz hydrogène sulfuré, se trouve d'un jaune pâle, pèse 0 gr. 36. A une température plus élevée, ce sirop prend une couleur brune, acquiert une odeur désagréable, et perd son goût sucré.

7º Traitez par l'alcool les 0 gr. 46 de substance restée indissoute par l'eau (Nº 3) : l'alcool prend une couleur d'un vert foncé, et
laisse une poudre jaune clair; la partie amère
du Lichen, dégagée de tout mélange, est du
poids de 0 gr. 22. La solution alcoolique évaporée donne une cire végétale contenant une
assez grande quantité d'amer. M. Berzélius a
essayé de séparer ces deux substances par l'é-
ther, par le carbonate de potasse, mais il n'a
pas complètement réussi, parce que l'éther re-
tient un peu d'amer, et la potasse un peu de
cire; cependant, il croit pouvoir, sans com-
mettre d'erreur, supposer que les 0 gr. 46 contiennent 0 gr. 30 d'amer et 0 gr. 16 de cire.

8º Faites digérer à plusieurs reprises dans de
l'eau à + 35º le résidu de Lichen laissé par
l'alcool. Le produit de ces digestions est une liqueur d'un brun jaune-clair; elle donne, par
évaporation, 0 gr. 33 d'une masse transparente
d'un jaune brunâtre, presqu'insipide, avec un
arrière-goût un peu âcre; mise dans l'eau, cette
masse devient visqueuse, se fond ensuite, et
laisse, pour résidu, un extractif pulvérulent
et brun. Cette solution ne réagit pas comme
acide, le sel d'oseille y produit un précipité
abondant. La quantité de lichénate de chaux y
est trop petite pour que M. Berzélius ait pu en

indiquer le poids; la matière dissoute dans l'eau tient de la gomme et de l'extractif, mais cependant elle se rapproche plus de la première.

9° Sur le résidu du Lichen des expériences précédentes, mettez une pinte d'eau aiguisée de deux grammes de carbonate de potasse : elle prend une couleur d'un brun foncé ; cette eau décantée et réunie à celle employée ensuite à laver le résidu, faites évaporer à une douce chaleur, ajoutant, pendant l'évaporation, de l'acide acétique pour saturer complètement la potasse. On obtient une masse d'un brun noir qu'on détrempe avec de l'eau, puis on ajoute de l'alcool qu'on renouvelle au bout de vingt-quatre heures; la première portion d'alcool est à peine devenue jaunâtre, la seconde est restée sans couleur; soumettez cet alcool à la distillation, et vous trouvez, déposés sur les parois de la cornue, de petits cristaux reconnus être du lichénate de chaux qui s'est dissout dans la potasse sans se décomposer; il reste, dans la cornue, de l'acétate de potasse légèrement teint en jaune. L'extrait laissé par l'alcool devient une masse semblable au gluten : elle est dure, brillante, cassante après sa dessiccation, et pèse 0 gr. 7.

10° Faites bouillir à plusieurs reprises, dans de l'eau, le résidu laissé par le carbonate de potasse ; la partie coagulée de la décoction , bien séparée du liquide et desséchée, pèse 2 gr. 28 , et la portion restée liquide donne, après son évaporation, un résidu de 2 gr. 18, dont 0 gr. 66 sont solubles dans l'eau froide.

11° Le reste insoluble du Lichen pèse 3 gr. 62.

I.

DE L'AMER DU LICHEN.

Le principe amer, dépourvu de propriétés alcalines ou acides , est pulvérulent, léger, d'un jaune pâle. Chauffé sur un carreau de verre , il se liquéfie à moitié, se boursoufle, fume, exhale une odeur désagréable, empyreumatique, non ammoniacale, laisse un charbon spongieux difficile à incinérer, et donnant une très-petite quantité de cendre grisâtre ; il est très-peu soluble dans l'eau , sa solution est d'une amertume insupportable et qui persiste long-tems ; cette solution aqueuse, saturée bouillante, est légèrement colorée en jaune verdâtre. Mise à évaporer à une douce chaleur, elle abandonne le principe amer qui reparaît sous forme pulvérulente ; mais si l'ébullition est prolongée, ce principe se décompose, la liqueur brunit et perd sa saveur amère que le

charbon animal peut enlever aussi sans le se-
cours de la chaleur.

Cette solution est précipitée en gris clair par
le sous-acétate de plomb ; le sous-nitrate de
mercure précipite l'amer sous la forme d'une
substance mucilagineuse blanche ; les sels de
fer ne l'altèrent pas.

En faisant évaporer l'alcool, dans lequel l'a-
mer se dissout plus facilement à chaud que dans
l'eau, on le trouve sous la forme de poudre
assez semblable au pollen des fleurs. L'amer
n'est pas plus soluble dans les acides étendus
que dans l'eau, sa dissolution par les carbonates alcalins, ses meilleurs dissolvans, est
verte et d'une amertume inexprimable. L'ébullition, dans ce liquide, change la nature de ce
principe, et il perd encore son amertume,
comme avec l'eau seulement, par une chaleur
trop vive ou trop long-tems prolongée. En sa-
turant ces carbonates par les acides, le principe amer est précipité sous la forme de grumeaux gélatineux qui ressemblent assez à ceux
que forme l'hydrate d'alumine, et ils ne se dissolvent pas dans un excès d'acide.

Le principe amer donne à la décoction la
propriété de se conserver fort long-tems sans
manifester aucun phénomène de décomposition, et l'on pourrait l'essayer comme succé-

dané du houblon pour la conservation de la bière.

II.

DES ACIDES ET DES SELS CONTENUS DANS LE LICHEN D'ISLANDE.

Le Lichen d'Islande, d'après les expériences précédentes, contient du lichénate de potasse, du lichénate et du phosphate de chaux ; mais il ne contient ni hydrochlorate ni sulfate de chaux, ainsi qu'on va le voir.

M. Berzélius fait incinérer 10 grammes de Lichen, il obtient 0,11 de cendres blanches grisâtres. La lessive infiniment peu alcaline de ces cendres, étant neutralisée par l'acide nitrique, n'est point troublée par le nitrate d'argent; la partie insoluble de ces cendres, dans l'eau traitée par l'acide muriatique, s'y dissout avec effervescence, laissant pour résidu un peu de silice d'une couleur grisâtre ; l'ammoniaque versée dans cette dissolution y forme un précipité qui jaunit à l'air comme le précipité obtenu du phosphate de chaux ferrugineux. Tous ces effets lui confirment que ce précipité est réellement ce phosphate, et que la chaux forme la plus grande partie de ces cendres.

III.

M. Berzélius s'arrête sur les deux substances

obtenues à l'aide de la liqueur de potasse dans les deux analyses.

La première de ces substances était brune, assez soluble dans l'eau, et formant avec elle une solution opaque d'un brun foncé; l'autre, dans l'analyse commencée par l'alcool, était d'un brun moins foncé. Si l'on sature l'alcali de cette dernière solution par de l'acide acétique, qu'on évapore la liqueur, et qu'on traite le résidu par l'alcool, celui-ci dissout l'acétate de potasse, et laisse une masse qui est aussi élastique que du caoutchouc, et qui ressemble à du blanc d'œuf coagulé. Cette masse, très-peu soluble dans l'eau, même alcalisée, ne donne point d'ammoniaque à la distillation sèche, et ne se dissout pas dans un excès d'acide acétique.

IV.

DE LA PARTIE CONSTITUANTE DU LICHEN SOLUBLE SEULEMENT DANS L'EAU BOUILLANTE (1).

La gelée que forme cette partie du Lichen est très-différente de la gélatine animale. Si on la jette sur un filtre, il s'en sépare, à la manière du lait qui se caille, un liquide qui contient

---

(1) Pour le mode d'extraction de cette gélatine, voyez la pag. 21.

une substance analogue à la gomme; la portion qui reste coagulée est presque insipide, elle se contracte en se desséchant, et après sa dessiccation elle forme une masse noire, dure comme l'os, d'une cassure vitreuse, susceptible de réformer, par sa dissolution dans l'eau bouillante, une gelée qui cette fois n'admet pas la partie colorante brune; cette gelée, mise sur le filtre, laisse encore échapper un liquide, qui ne fournit que très-peu de résidu lorsqu'on lui fait subir l'évaporation.

M. Berzélius, en distillant cette substance à l'aide de l'appareil pneumato-chimique, en incinérant son charbon et soumettant ses cendres à l'action des agens chimiques, a trouvé que la gelée de Lichen n'a pas la moindre ressemblance avec les substances animales.

En la traitant avec l'acide nitrique, il a reconnu qu'elle n'est ni de la nature de la gomme, ni de la nature des mucilages, mais qu'elle se rapproche davantage de la fécule; et, pour s'en assurer, il soumet à des expériences comparatives des solutions également concentrées de gélatine de Lichen, de sagou et d'amidon, qu'il emploie toutes trois à la température d'environ 50°.

(A) Le nitrate de mercure au minimum produisit dans les trois solutions un léger précipité blanc, qui en troublait à peine la transparence.

(B) L'acétate de plomb à excès de base y forma un précipité qui, au bout d'une heure, fut entièrement rassemblé, et laissa le liquide absolument clair.

(C) Le sulfate de fer ne leur fit éprouver aucun changement.

(D) L'infusion de noix de galle les troubla toutes les trois : le précipité disparaissait par l'ébullition et reparaissait par le refroidissement; celui de la solution d'amidon s'agglutina et devint élastique ; ceux des deux autres solutions restèrent gélatineux, le tannin artificiel ne donna de précipité dans aucun.

(E) L'acétate d'alumine fut sans effet, mais l'alumine nouvellement préparée qu'on y délaya s'y précipita colorée en gris foncé.

(F) Abandonnées à elles-mêmes, les solutions du Lichen et du sagou se conservèrent longtems ; l'autre, celle d'amidon, passa assez vite à la putréfaction, ce qui provient d'un peu de gluten resté adhérent à l'amidon.

M. Berzélius conclut de ces résultats que la partie gélatineuse du Lichen n'est qu'une modification de la fécule.

V.

DE LA PARTIE INSOLUBLE DU LICHEN.

Après la dissolution de la fécule, il restait le squelette de la plante, qui est à la fécule du Lichen ce que la partie féculo-fibreuse des pommes de terre est à leur amidon.

M. Berzélius le fit bouillir dans le digesteur de Papin ; ce digesteur, au bout d'une heure, ayant pris l'air, ce qu'il contenait fut versé sur un filtre, le liquide passé ne se congela pas par le refroidissement, et pendant son évaporation, il ne se troubla et ne se figea pas, mais il devint peu à peu visqueux comme une solution de gomme, et ayant la plus grande analogie avec les produits de l'amidon grillé. Après sa dessiccation complète, il formait une masse transparente, légèrement jaunâtre, que l'eau froide faisait seulement gonfler, mais que l'eau bouillante dissolvait. Le tannin ajouté à cette dissolution la trouble sans y former de précipité proprement dit, et l'alcool y en produit un qui est élastique.

L'acide acétique, mis à bouillir sur le résidu insoluble, se chargea d'une substance tout-à-fait semblable à celle obtenue par l'ébullition dans le digesteur de Papin.

Ces expériences prouvent que l'ébullition change peu à peu la nature de la substance traitée dans ce dernier paragraphe, et la rapproche de la fécule. Cette substance est analogue à la gomme; c'est elle qui reste en dissolution dans le liquide dont la gélatine s'est figée, et elle paraît devoir son existence à un changement opéré par l'ébullition dans la constitution de la partie insoluble. Le squelette du Lichen n'est point dissous par l'acide hydrochlorique ni par la lessive caustique : cette dernière le colore en brun. L'infusion de noix de galle le durcit, et par conséquent s'y combine en formant une sorte de tannage. Le vinaigre de saturne le durcit, il se contracte et devient d'un gris clair.

Le Lichen privé d'amertume, qui ensuite a été presque épuisé par l'ébullition et séché, se conserve indéfiniment. Dans cet état de sécheresse, il est d'un noir verdâtre et parsemé de petits points d'une extrême blancheur. Enfin il ne ressemble plus à la plante non traitée, que par sa rigidité. Soumis à une décoction, il redevient mucilagineux, et ne se dessèche que très-lentement en une masse à cassure vitreuse, noire, et qui a la dureté des os. Mis en contact avec un corps en combustion, il prend feu, et brûle sans flamme à peu près comme de la tourbe ou de l'amidon, en répandant une odeur empyreumatique aigrelette, et laissant beaucoup de cendre blanche. Si le Lichen n'est qu'en partie épuisé de sa gélatine, il suffit de l'arroser d'eau chaude pour qu'il redevienne tendre et mangeable ; alors il est d'une couleur verte, et il fond presque dans la bouche. On peut le manger en salade, et les personnes qui ne le connaissent pas le prendraient facilement pour une plante fraîche.

Cent parties de Lichen contiennent :

Sirop..	3,6
Lichénate de potasse, lichenate de chaux et une petite quantité de phosphate de chaux.	1,9
Amer.	3,0
Cire verte.	1,6
Gomme.	3,7
Matière colorante extractive.	7,0
Fécule du Lichen.	44,6
Squelette féculacé.	36,6

Le Lichen contient encore une quantité à peine appréciable d'acide gallique; mais M. Berzélius n'a pu découvrir la plus légère trace d'alumine ni de résine, que M. Westring dit y être également contenue.

Un autre procédé d'analyse du Lichen consiste à le traiter par l'alcool bouillant ; l'extrait alcoolique est soumis à l'action de l'éther qui dissout la chlorophylle : l'eau s'empare ensuite du sucre sirupeux , de l'extractif brun et des sels. Il reste l'amer non dissous. L'eau froide par laquelle on traite ensuite le Lichen épuisé par l'alcool dissout la gomme , et une dissolution de carbonate de potasse froide s'empare de la matière colorante extractive ; après quoi l'amidon du Lichen ou gélatine du Lichen peut être extrait au moyen de l'eau bouillante comme il a été dit.

ACIDE LICHÉNIQUE ET LICHÉNATES.

L'acide lichénique a été découvert par Pfaff, qui , pour l'obtenir, fait digérer le Lichen dans l'eau contenant en dissolution deux gros de carbonate de potasse par livre de Lichen. Il sature presque complétement d'acide acétique cette dissolution , et la précipite ensuite par l'acétate de plomb. Le précipité contient une combinaison de chaux et d'oxide de plomb,

avec de l'acide lichénique et d'autres matières
végétales. On filtre alors la liqueur et on l'a-
bandonne à elle-même. Elle dépose, au bout de
quelque tems, une autre combinaison moins
complexe, et formée seulement d'acide lichénique et d'oxide de plomb. En la décomposant
par l'hydrogène sulfuré, on obtient l'acide lichénique. Le premier dépôt, traité de même
par l'hydrogène sulfuré, fournit un lichénate
acide de chaux, qui cristallise quand on évapore la liqueur. Pour en retirer l'acide, on
pourrait le décomposer par une quantité con-
venable d'acide oxalique. On peut aussi le convertir en lichénate neutre de potasse, en le décomposant par le carbonate de cette base ; on
emploie le sel de potasse à former du lichénate
de plomb par double décomposition ; on traite
enfin ce dernier sel par un courant d'hydrogène
sulfuré.

L'acide lichénique est soluble dans l'eau et
dans l'alcool. Il cristallise en aiguilles prismati-
ques. Soumis à l'action de la chaleur, il se vo-
latilise sans entrer en fusion et sans se décomposer. Ses vapeurs ont une odeur aromatique
particulière.

Les lichénates sont en général peu solubles.
Cent parties d'acide lichénique saturent une

quantité d'oxide renfermant 16,95 parties d'oxigène.

On obtient le bi-lichénate de potasse en traitant l'extrait alcoolique par l'éther, et dissolvant l'amer du Lichen et le sirop à l'aide d'une petite quantité d'alcool. Le bi-lichénate reste sous forme d'une masse brunâtre. Pour le décolorer, il suffit de le dissoudre dans l'eau et de le faire cristalliser. Le lichénate de potasse cristallise en prismes rectangulaires, et quelquefois en aiguilles fines et en lamettes. Il est inaltérable à l'air. Ceux de soude et d'ammoniaque sont aussi inaltérables à l'air.

Les lichénates de baryte et de strontiane sont à peu près insolubles dans l'eau ; le lichénate de chaux neutre est très-peu soluble.

Le lichénate de peroxide de fer ressemble au succinate ; ceux de zinc et de protoxide de manganèse sont insolubles.

Les dissolutions de lichénates ne donnent point de précipité avec les sels de magnésie, d'alumine, de glucine, de cobalt, de nickel, d'urane, de cuivre, d'or et de platine.

Je passe sous silence les anciens travaux qui ont été faits sur le Lichen. Les progrès de la chimie rendent les nouvelles analyses les seules intéressantes. On peut cependant citer Tromsdorff et d'Ebeling. Ces chimistes ont trouvé que le Lichen renferme près de la moitié de son poids de mucilage. Ils ont annoncé un principe légèrement astringent. Sous cette dénomination vague, il faut entendre l'amer du Lichen mêlé à la matière colorante, etc. Ils ont cru aussi rencontrer dans cette plante une petite quantité de résine; c'était la chlorophylle, dont l'apparence est en effet tellement résineuse, que M. Berzélius, dans son *Traité de chimie*, tombe à ce propos dans une confusion de dénominations, et semble se contredire. Ce célèbre chimiste, après avoir constaté l'absence de la résine, dit ensuite, relativement à l'obtention des sels, qu'il faut extraire la résine par le moyen de l'éther, etc.

Les habitans de Borgarfiord, en Islande, emploient le Lichen dans la teinture; ils en obtiennent plusieurs teintes, et particulièrement une couleur jaune foncé d'excellent teint. Mais il sera toujours préférable de convertir le Lichen en un bon aliment. Cette plante cryptogame, bien préparée et mise en poudre grossière, serait fort utile à bord des bâtimens. Dans certaines localités de la Carniole et de la Carinthie, j'ai vu donner le Lichen aux bestiaux que l'on veut engraisser.

Une plante appelée *cœnomyce* (*Parmelia esculenta*), de la famille des Lichens, sert aussi d'aliment à des peuplades de la Perse et de la Géorgie; le professeur Fr. Gobel, de Dorpat, en a fait l'analyse et l'a trouvée composée de :

Oxalate de chaux.	65,91
Gélatine végétale	23,00
Inuline.	2,50
Épiderme ligneux.	3,25
Matière amère soluble dans l'eau et l'alcool.	1,00
Résine inodore, insipide, soluble dans l'alcool.	1,75
Résine solide, soluble dans l'éther.	1,75
	99,16

N. B. Le Journal de Pharmacie a imprimé deux fois (1831 et 1833) les présentes quantités, résultat de l'analyse de Fr. Gobel.

PROPRIÉTÉS MÉDICALES DU LICHEN D'ISLANDE.

Il y a peu de plantes auxquelles on ait attribué un plus grand nombre de vertus (B). Le Lichen est émollient, agglutinant, pectoral, en même tems qu'il est calmant, stomachique, sthénique. Stoll lui donne le nom de *medicamentum mucilaginosum, involvens acrimoniam, roborans*, etc.; il l'administrait quelquefois dans les affections des voies urinaires. Quelques auteurs attribuent au Lichen une puissance anthelmintique. Tromsdorff a prescrit le Lichen dans la goutte et le rhumatisme; enfin le Lichen a été administré contre la diarrhée, la dysenterie chronique, contre le cancer, etc., et dans ces derniers cas, on l'a souvent mêlé à l'opium. Hiarne préconise le Lichen dans le crachement de sang et dans le scorbut.

Scopoli a employé le Lichen contre le rachitis; Murray dit que dans la phthisie tuberculeuse, il rend la respiration plus facile, diminue les sueurs, la souffrance, et prolonge l'existence. Le docteur Fiévée, dans sa *Pharmacologie*, le signale comme employé dans les maladies chroniques de la poitrine.

Cramer composait, avec le Lichen, des préparations mercurielles pour les cas de phthisie vénérienne.

Bartholin, Borrichius, Olafsen, Linné, attribuaient au Lichen une vertu purgative; mais cet effet purgatif se manifeste bien rarement par l'usage de la plante sèche et depuis longtems récoltée, telle qu'elle se trouve dans les officines. Si le Lichen fait cesser la constipation, c'est par son action émolliente et lubréfiante. L'action laxative du Lichen du Nord, récemment récolté, ne doit pas être mise en doute, car presque tous les auteurs allemands la signalent, et plusieurs pharmacopées désignent le Lichen sous le nom de *mousse purgative*. Suivant Vogel, c'est quand la plante est jeune que se manifeste sa propriété laxative. *Alvum ducit junior.*

Mais c'est principalement contre la consomption en général, et particulièrement contre la phthisie pulmonaire que l'on a le plus étudié et proclamé ses bons effets. Les Islandais ont été les premiers qui se sont servis du Lichen comme médicament. Dans le catarrhe pulmonaire chronique, il diminue la fréquence de la toux, facilite la respiration et calme la douleur. On a encore recours au Lichen dans les fièvres phthisiques; il les atténue, améliore l'expectoration, etc.; il est encore administré aux malades atteints au dernier degré d'atonie ou de marasme. Quarin a remarqué que, dans les cas les plus graves, quand il est inefficace, il ne produit du moins aucun fâcheux effet. M. le baron Barbier, professeur émérite, ancien chirurgien en chef de l'hôpital d'instruction du Val-de-Grâce, bien connu pour les heureuses expérimentations médicales qu'il fait avec les végétaux, a employé très-souvent le Lichen d'Islande dans les affections de poitrine, et il s'est assuré des vertus pectorales de cette plante cryptogame. Mais il faut dire aussi que le docteur Barbier s'est également félicité de l'emploi du *Lichen rangiferinus*. Le docteur Regnault a observé l'action anti-putride du Lichen d'Islande; il a essayé l'emploi de l'amer du Lichen, privé de sa partie amilacée, et il lui a reconnu, sur des constitutions humides et flegmatiques, une influence fortifiante, une propriété diurétique, tonique et légèrement purgative. Il reste encore à connaître si l'amer du Lichen a une action fébrifuge. Le docteur Regnault est le premier, en Europe, qui ait prescrit le Lichen seul, et à doses alimentaires. Plusieurs fois il en a fait la nourriture exclusive de son malade, *medicina in alimento*, et par cette nourriture douce et analeptique accompagnée d'un traitement méthodique, il a vu se renouveler la lymphe et les sucs vitaux, chez les malades atteints d'une émaciation générale ; il a pu prévenir les hémorragies qui surviennent fréquemment dans les phthisies muqueuses et ulcéreuses, et amener deux symptômes très-favorables, le calme et le *silentium pectoris*. Il résulte en outre des observations du docteur Regnault que le Lichen provenant d'Islande a une action plus certaine que celui de nos pays. L'opinion du docteur Orfila, sur le Lichen qu'il a souvent employé dans sa pratique, vient à l'appui des observations du docteur Regnault ; ce célèbre professeur pense que le Lichen a été quelquefois inefficace dans les mains des praticiens parce que ceux-ci ne l'ont pas administré à des doses assez fortes.

Si le Lichen est prescrit dans les cas désespérés, ce médicament n'est pas moins souvent administré dans les affections catarrhales légères, *en décoction, en sirop, en pastilles, en gelée*, ou bien on le donne plus concentré sous la forme *de pâte de Lichen*. L'action lubréfiante de cette pâte calme la toux et dissipe promptement les rhumes. *La pâte de Lichen* (C) n'a pas l'inconvénient attaché aux *pâtes balsamiques* qui, d'après l'observation du docteur Regnault, n'arrivent aux poumons qu'après avoir fait naître dans les premières voies une irritation qui se répand par tout le corps et enflamme particulièrement les organes déjà malades. Le docteur Regnault rejette aussi l'usage des autres médicamens simplement huileux et muqueux, qui sont, dit-il, plus malfaisans que salutaires, parce qu'ils embarrassent l'estomac, et qu'ils n'ont point d'action sur la cause de la toux. Le mucilage du Lichen, au contraire, en passant de l'estomac, dont il augmente l'action, à tous les organes de l'économie, leur imprime une modification favorable.

Le Lichen, introduit selon l'art dans la pâte de cacao, constitue un chocolat que prennent les convalescens et les personnes dont la constitution délicate ne peut pas supporter des alimens de digestion difficile, ou des mets trop riches en sucs nutritifs. Le chocolat au Lichen est, tout à la fois, un aliment doux, sédatif et corroborant.

Le Lichen, qui n'est point préparé comme je l'ai indiqué page 15, communique son amertume au lait des nourrices qui en font usage et le rend désagréable au nourrisson.

Toutes les préparations du Lichen privé d'amertume conviennent dans les gastrites chroniques, parce qu'elles nourrissent sans faire naître d'irritation.

Gésénius a conseillé aux personnes qui ne supportent pas le lait de se servir d'une décoction de Lichen glycyrrhisée dans laquelle il ajoute une quantité de sucre de lait.

Le professeur Desruelles s'est bien trouvé de l'emploi du Lichen pour soutenir les forces des malades épuisés par des affections graves, passées à l'état chronique. L'addition de la digitale pourprée au mucilage doux et visqueux du Lichen lui a donné, à des doses convenablement graduées, des résultats admirables dans la phthisie. D'après ses observations pratiques, le Lichen, uni à la digitale, diminue l'intensité désorganisatrice de la fièvre hectique en ralentissant considérablement l'action du cœur.

S'il est vrai que tout médicament présenté constamment sous la même forme, et ayant la même saveur, paraisse bientôt fastidieux au malade, le praticien reconnaîtra l'utilité qu'il peut tirer du dispensaire qui fait suite à ce présent Traité. Cette collection de mes formules, en permettant de changer la dénomination, la saveur et l'aspect de la préparation du Lichen, met à même, dans des maladies de langueur et d'épuisement, de prescrire sans interruption un excellent médicament. Les hommes de l'art remarqueront cependant celles de ces préparations qui ne sont point parfaitement succédanées l'une de l'autre. Des médecins trouveront étrange que j'aie adopté la formule latine qu'ils ont abandonnée. Je leur réponds d'avance que j'attribue l'une des causes (1) du discrédit de l'exercice médical, discrédit si peu mérité d'ailleurs par nos médecins, à l'entier abandon dans notre seul pays de France de l'art de formuler. Chez les gens du monde, comme dans les classes inférieures de la société, les malades et les personnes qui les entourent se livrent à des raisonnemens souvent spécieux, sur le traitement et sur la médication suivis, nos jeunes docteurs se mettront à l'abri de ces commérages et de ces non-sens tyranniques et funestes s'ils cessent de formuler oralement, et s'ils laissent au malade une prescription non pas mystérieuse, mais technique et toute médicale.

---

(1) Parmi ces causes, il faut je l'avoue porter en première ligne le trop plein du personnel médical, la concurrence et les maux qui en découlent.

PHARMACOPOEA LICHENIS ISLANDICI,

AUCTORE I.-A. RENARD.

FORMULAIRE DU LICHEN D'ISLANDE.

I.

LICHENIS MUNDATIO.

LICHEN MONDÉ.

Folia, mediante scopula, deterge, materias alienas omnino abjice, et erit Lichen mundatus.

II.

PRÆPARATIO LICHENIS AMARITIE EXTRICATI.

LICHEN PRIVÉ D'AMERTUME.

Rec. Aquæ frigidæ libras viginti........ seu 10, 000
        Subcarbonatis sodæ unciam et semis....   47
Solutionem perfectam infunde super mundati
incisique Lichenis libram..................   500
Macerentur per bidui spatium, tum effunde liquorem amaram, serva Lichenem, et subjice iterum aquæ, bis quantum primo. Ablue, expue fluidam partem, et si necesse, aquæ frigidæ quantitatem novam recipe; denique

expone Lichenem ut siccatus fiat ; et erit Lichen sine amaritie.

Usus : pro pulvere, variisque medicinæ compositionibus. In lacte aut aliter coctus, phthisicis conducit; et in magna quantitate sumptus, in alimentum medicamentosum cedit.

III.

PULVIS LICHENIS.

POUDRE DE LICHEN.

Rec. Lichenis Islandici variis admixtis materiis purgati. . . . . quantum necesse.

Seca; submitte in loco usque ad sexagesimum gradum (60°) calefacto, in mortario ferreo contunde, cribro succerne, et pulverem serva pro re nata.

IV.

PULVIS LICHENIS AMARITIE CARENTIS (vide n° II).

POUDRE DE LICHEN SANS AMERTUME.

Rec. Lichenis sine amaritie. . . . . quod sufficit.
Simili modo superscripto (n° III) paratur.

V.

AQUA AMARA LICHENOIDES
(Doctore Regnault).

EAU AMÈRE LICHÉNOIDE.

Rec. Lichenis Islandici mundati et incisi drachmas
    duas . . . . .seu   8
  Aquæ fontis frigidæ uncias octo.   250

Macerentur per viginti quatuor horas. Deinde cola per chartam, et adde

> Aquæ menthæ piperitæ drachmam unam...   4
>
> Tincturæ cinnamomi guttas decem et octo..   1

Fiat mixtura, et detur ad usum. Sumat uncias quatuor de die.

VI.

DECOCTUM LICHENIS ISLANDICI

(e pharmacopœa Edimburgensi).

DÉCOCTION DE LICHEN D'ISLANDE

(pharmacopée d'Édimbourg).

> Rec. Lichenis Islandici unciam, ...seu   32
>
>   Aquæ communis libras duas.........   1, 000
>
> Coque ad libram unam....................   500

et cola.

Bibat pro potu ordinario cum sacchari quantum satis ad gratiam.

VII.

DECOCTUM LICHENIS MODO PLENCK ET REGNAULT DENSATUM.

DÉCOCTION CONCENTRÉE DE LICHEN DE PLENCK ET DE REGNAULT.

> Rec. Lichenis Islandici uncias sex, ...seu   192
>
>   Aquæ fontis libras sex...............   3, 000
>
> Bulliant per horam, cola. Evaporetur liquor
>
> ad libram unam...........................   500
>
> Adde : Sacchari uncias sex...............   192

Decoque donec una libra supersit, vel ad densitatem syrupi spissi refrigeratione facile congelabilis.

Usus : Capiat æger cochleatim semiunciam. .... 16 sexies in die.

VIII.

GLUTINUM DE LICHENE TREMULUM.

GÉLATINE MOLLE DE LICHEN.

Rec. Lichenis Islandici, amarore elicito, partem unam. Bulliat per horam unam cum aquæ fontis partibus sexdecim. Cola cum expressione, colaturamque super ignem repone. Assidue commove donec liquor paululum spissus fiat, expone in frigido loco ubi congelabitur, et erit glutinum de Lichene tremulum, magnitudine nucis moschatæ, mane et vespere, vel sæpius, sumendum.

IX.

PULVIS CUM GELATINA LICHENIS.

POUDRE DE GÉLATINE DE LICHEN.

Rec. Glutini de Lichene tremuli.... quantum necesse, positum super ignem commoveas, donec liquida pars in vapores aufugerit. Tunc, cum gelatina exsiccata fiat pulvis.

Usus : Rec. triginta grana.............. seu   1,   4

Cum pulmenti lactantiumve, aut aquæ simplicis, bullientium, unciis sex...............   189

X.

GLUTINUM LICHENIS CUM DIGITALI PURPUREA SECUNDUM PROFESSOREM DESRUELLES COMPOSITUM.

GÉLATINE DE LICHEN COMPOSÉE SELON LA FORMULE DU PROFESSEUR DESRUELLES.

Rec. Glutini de Lichene tremuli uncias quatuor, ... seu   126

Sacchari uncias duas............... 64

Liquentur ope caloris ; ex igne remove ; adde et statim misce :

Pulveris digitalis purpureæ (1) granum.... 0, 05

Aquæ menthæ sativæ guttas decem........ 0, 50

Serva ad usum in loco frigido.

Usus : Capiat omne cochleatim in die.

XI.

GELATINA DE LICHENE ISLANDICO

(e codice medicamentario , 1818).

GELÉE DE LICHEN D'ISLANDE

(Codex français, 1818).

Rec. Lichenis Islandici uncias duas. ....seu 64

Sacchari albi uncias quatuor........ 125

Ichthyocollæ drachmam unam........ 4

Aquæ...................... quod sufficit.

Bulliat primo remissius (D) Lichen in vase figulino , et hujus prioris decocti aqua excludatur, ut inutilis.

Quo facto, decoquatur denuo purus Lichen semel , iterumque ; mixtisque decoctis ichthyocolla , seorsim soluta , et saccharum admisceantur ; deinde vaporet et eliquetur liquor ; vaporetque denuo donec supersit libra semis. 250

Huic , si libuerit, aromatis alicujus gratia poterit conciliari ex cortice citrei , aut aliis. Postea in frigidario repone, ut in gelatinam concrescat.

---

(1) Digitalis purpureæ dosis gradatim aucta sit.

XII.

GELATINA DE LICHEN E CUM KINAKINA

(e codice medicamentario, 1818).

GELÉE DE LICHEN AU QUINQUINA

(Codex français, 1818).

Rec. Lichenis Islandici uncias duas, ... seu   64
  Ichthyocollæ drachmam unam.   4
  Aquæ. . . . . quod sufficit.
Bulliat primo Lichen leviter, ut supra dictum est; cujus prioris decocti rejiciatur inutilis aqua.

Deinde puri Lichenis uni et alteri decocto paratis, ut superius dictum est, admisceantur :

  Ichthyocolla seorsim soluta ,

  Et syrupi de kinakina cum vino parati unciiis sex. 192
Post levem ebullitionem coletur liquor et vaporet, ut concrescat in gelatinam, cujus quantitas erit circiter libra semis 250

XIII.

EXTRACTUM DE LICHENE.

EXTRAIT DE LICHEN.

Rec. Decocti Lichenis præscripti (n° VI). . . quantum opus.

Evapora ad congruam extracti aut pilularum massæ consistentiam. Serva ad usum.

Detur hujus extracti in aquæ paululum soluti, vel in pilulis voluti drachma una, ... seu   4
mane et vespere.

XIV.

SYRUPUS LICHENIS.

SIROP DE LICHEN.

Rec. Lichenis Islandici mundati uncias duas,.. seu   64

Aquæ communis libras tres 1,500

Bulliant ad dimidium, cola cum expressione, et infunde super syrupi de saccharo bullientis et percocti libras quatuor 2,000

Ut fiat secundum artem syrupus.

Usus : Syrupi unice, vel cum lacte uncias quatuor in die capiat.

XV.

CHOCOLATA PECTORALIS DE LICHENE COMPOSITA.

CHOCOLAT PECTORAL AU LICHEN.

Rec. Seminum caracensium theobromæ cacao tostorum, leguminibus et radiculis mundatorum, libras quatuor, ...seu 2,000

Seminum theobromæ, insularum dictæ,
similiter tostorum et mundatorum, libras octo.... 4,000

Sacchari albi in fragmentis redacti libras duodecim....................................... 6,000

Sacchari albi in fragmentis redacti libras novem....................................... 4,500

Pulveris sacchari albissimi libras tres......... 1,500

Lichenis Islandici parati (vide n° III) unciam unam 32

cum gelatina Lichenis (vide n° IX) uncias duas...................... 64

canellæ officinalis zeylanicæ unciam unam 32

Semina utriusque cacao ferreo mortario, prius calcfacto, contunde cum quarta parte sacchari; quæ ubi in massam contrita coaluerint, partitim axe ferreo conterentur supra lapidem levissimum huic operi aptum, et ita calefactum ut massa, facta calore mollior, facilius penitusque attenuetur; cui, ubi ad subtilitatem debitam pervenisse visa fuerit, cinnamomum, Lichen, Lichenis gelatina et sacchari pulvis addentur, pergenturque conterendo per horæ semiquadrantem : massa demum, sic parata, in formas confectas ex laminis ferreis stanno obductis purissimas dividetur; in quibus frigefacta in soliditatem requisitam concrescet.

N. B. Prout vel magis, quod apud Italos, vel minus, quod apud Hispanos solitum est, torrentur semina, amaritiem quoque majorem minoremve contrahunt, et minorem aut majorem unguedinis propriæ suppeditant in chocolata copiam. Torrendo enim chocolatæ color ex obscure rubro in fuscum et sæpe fere nigricantem vertitur; cademque simul amaritiem, non sine aromate, gustui non ingratam objicit. Ex alterutra igitur methodo, Itala aut Hispana, modo tonica magis, modo demulcente et analeptica virtute pollet chocolata. Itaque hæc omnia a medico, pro re nata, definienda et requirenda sunt.

XVI.

PASTILLI LICHENIS ISLANDICI.

PASTILLES DE LICHEN D'ISLANDE.

Rec. Pulveris Lichenis præscripti (n° III) unciam, seu 32
        Sacchari albissimi libram 500
Misce accurate et fiat massa cum sufficiente quantitate mucaginis de tragacanthæ gummi aqua naphe confectæ.

Demum fiant secundum artem pastilli, pondere circiter
granorum duodecim 000,60
Loco sicco servandi.

Usus : Capiat unum sæpius in die.

XVII.

GUTTÆ STHENICÆ.

GOUTTES STHÉNIQUES.

Rec. Pulveris Lichenis unciam, ...seù   32
       Subcarbonatis sodæ drachmam...........   4
Macerentur per diem in aquæ communis unciis octo   250
Colentur, cum expressione primo per linteum, postea
per chartam bibulam. Tum adde :
Alcoolis diluti (aquæ-vitæ) unciam semis..........   16
Tincturæ cardamomi minoris (e pharmacopœa Lon-
       dinensi) drachmam   4
Syrupi de cortice aurantiorum unciam...........   32
Misce, et in lagenis probe obturatis ad usum serventur.

In phlegmate et corporis debilitatione, dat ægro doctor
Regnault hujus medicamenti guttas viginti usque ad tri-
ginta-sex................................. 2 ad 4
Bis terve de die cum aquæ puræ uncia..........   32

XVIII.

MASSA LICHENIS ISLANDICI.

PATE DE LICHEN.

Rec. Decocti Lichenis Islandici (e Pharmacopœa Edim-
       burgensi) libras duodecim, ...seu 6,000
       Mucaginis de gummi senegalensi (e Codice
Parisiensi) libras duas 1,000

Commisceantur, et igne aperto bulliant cum sacchari puri conquassati libra una et semis..... 750
Fortiter move spatula lignea ; sub finem adde
Aquæ naphe unciam...................... 032
Inspissetur massa indesinenter concussa donec admotæ
manui non adhærat. Tunc super seu tabulam marmoream
seu laminam zinceam extendatur et in particulis secetur.

Sumat rhumaticus hujus massæ aliquot frustula sexies
aut octies, vel sæpius, de die.

XIX.

MASSA LICHENIS EX DIVERSIS COMPOSITA.

PATE DE LICHEN COMPOSÉE.

Rec. Lichenis Islandici uncias sex . ...seu 192
Pulmonarii unciam unam et semis.   48

Dactylorum, nucleis exclusis.
Ziziphorum................. unciam unam et
Ficuum caricarum......... semis........ 48
Passularum...............

Aquæ puræ libras duodecim............ 6, 000
Bulliant per horam ; decoctum deinde percoletur.
Præterea.
Rec. Gummi senegalensis..... libram......   500
Contunde et solve in aqua duplici...... 1, 000
Solutum deinde per linteum densius trajice. Liquores
commixti in caldario super ignem imponantur. Sacchari
fracti solvantur libræ duæ.................. 1, 000

Tunc albumina ovorum duorum, aquæ pauxillo com-
mixta adjiciantur, et bulliant, eximatur spuma ; vaporet
liquor, et operetur ut supra (N° xviii).

Detur ad tussim modo simili ac (N° xviii) scripto.

XX.

LICHENIS CONDITUS.

SUCRE LICHÉNOIDE.

Rec. Glutini Lichenis tremuli uncias octo..   250
     Sacchari albi in pulverem crassulatim re-
       dacti libram...................... 500
Accurate misce ; in caldario ad gradus quadraginta calefacto pone, interdum commove, et pulverulentam mate-
riam, cum exsiccata fuerit, in lagenas intromitte, et ob-
tura.

Sumat cochlearia duo minima in aquæ calidæ cyatho.

XXI.

GELATINA EXTEMPORALIS CUM LICHENIS CONDITU.

GELÉE DE LICHEN EXTEMPORANÉE.

Rec. Lichenis conditus (xx) uncias quatuor..   128
     Ichthyocollæ grana sexdecim..........   80
     Aquæ puræ uncias sex............... 192
Decoque ad uncias octo................... 250
Cola, infunde in vase aperto, statim addendo
olei citri guttas tres....................... 000 15
Misce, liquorem diu fere ferventem agitando, et repone
in loco frigido ut concrescat.

DIVERSES ESPÈCES DE LICHEN

QUI SE TROUVENT EN ISLANDE.

Liste donnée par le docteur Gaimard, à son retour d'Islande.

Lichen Lactens.
Geographicus.
Sanguinarius.
Fusco-ater.
Calcarius.
Tartareus.
Subfuscus.
Candelarius.
Saxatilis.
Omphalodes.
Olivaceus.
Falhunensis.
Phisodes.
Stygius.
Stellaris.
Parietinus.
Islandicus. Fjallagrös (que l'on prononce Fiatlagreus).
Pulmonarius.
Farinaceus.
Nivalis.
Fraxineus.

Furfuraceus.
Prunastris.
Aphtosus.
Caninus.
Venosus.
Saccatus.
Croceus.
Resupinatus.
Proboscideus. — Geitnaskóf.
Deustus.
Miniatus.
Velleus.
Polyphyllus.
Cocciferus.
Phyxidatus.
Gracilis.
Digitatus.
Cornutus.
Rangiferinus, Tröllagrös, Mókrókar.
Uncialis, Mokrókur.
Subulatus, Mokrókur.
Pascalis.
Fragilis.
Lanatus.
Pubescens.
Calybeiformis.
Histus.
Nigrescens.

NOTES.

J'ai dit, page 18, qu'un poids donné de poudre de Lichen ne cède pas plus de parties à l'eau qu'un poids égal de Lichen non pulvérisé traité par le même véhicule. Je me sers de cette propriété pour reconnaître la pureté de la poudre de Lichen, qui souvent est mélangée dans le commerce avec d'autres poudres végétales, car l'élasticité de la plante rend la pulvérisation très-lente et difficile quand on emploie les procédés manuels ordinaires. Ce fait d'égalité d'action de l'eau sur le Lichen entier, et sur cette plante pulvérisée, est en opposition avec les présomptions théoriques de la plupart des chimistes, mais particulièrement avec les homœopathes (1), sur les propriétés nouvelles qu'acquièrent les corps par la pulvérisation. Car, au dire d'Hahnemann, la magnésie, le marbre, etc., deviennent solubles après la division homœopathique. J'ai reconnu à certains corps une propriété toute opposée, et je puis donner pour exemple l'acide tartrique et le sucre, qui deviennent moins solubles après le frottement, la trituration ou la percussion (2). Il ne faut donc pas considérer la pulvérisation

---

(1) Le Dupuytren de la Prusse, M. Dieffenbach, appelle l'homœopathie une escroquerie médicale, et des médecins lettrés, qui se souviennent d'un mot de Cicéron, assurent qu'il est impossible à deux homœopathes de se rencontrer sans rire.

(2) L'empereur Napoléon est le premier qui, après avoir bien remarqué la différence d'action de l'eau sur le sucre en morceaux et sur le sucre en poudre,

comme rendant constamment les corps plus actifs ou plus solubles.

Note B, page 49.

Le médecin islandais, M. O.-J. Hjaltaler, auteur d'un ouvrage intitulé : *Islensk Grasa Frœdi* (Botanique Islandaise) imprimé récemment à Copenhague, a donné la note qui suit sur le Lichen à M. le docteur Gaimard, qui me l'a communiquée :

Lichen Islandicus — Fjalla gros.
(Montis herba alpina.)

Usus. Confortans ; — præstantissimum remedium contra morbos pectorales, asthma, phthisim.

Cibus etiam est islandicus. — Herba sicca et depurata primum in aqua per noctem ponitur ; deinde inciditur ; quandoque cibum parare debet, lac sine cremore Licheni admoveatur, et tunc coquatur. Lichen Islandicus incisus et paululum farinæ grani hordei (bankaboüt farina hordei) in ebullitione jaciantur.

Lichen Islandicus capiatur, primum abluatur in aqua

---

ait voulu connaître la cause de cette différence. Tous les professeurs, dans leurs cours de chimie, rapportent la question fort simple et très-embarrassante que cet homme extraordinaire adressa à ce sujet à un illustre membre de l'Institut. Puisque la poudre du sucre servie à l'empereur lui donnait un verre d'eau sucrée trouble, je suis convaincu qu'elle était extrêmement tenue, et que, pour l'obtenir, on avait soumis du sucre en pain aux chocs long-tems prolongés de forts pilons ; mais le sucre en poudre grossière et pilé avec des instrumens légers donne dans un verre d'eau une solution presque limpide, parce que, pour le réduire audit état de poudre un peu grosse, on a séparé les parties par une percussion modérée ; l'électricité et la chaleur que le choc fait naître ne se sont pas développées dans cette circonstance à un degré suffisant pour décomposer une petite partie de ce sucre, et le changer en une espèce de matière féculacée insoluble, ce qui ne manque pas d'arriver avec des pilons très-pesans.

frigida, et per horam unam in aqua coquatur, deinde coletur et aqua abjiciatur. Si coctus Lichen deinde in lacte coquatur per duas horas, cibus dulcissimus paratus est.

Note C, page 53.

Dans le médicament composé et vendu depuis dix-huit ans au n° 19 de la rue Vivienne, et connu sous le nom de Pâte de Lichen, j'ai conservé les principes extractifs, gélatineux et salins de la plante, tout en obtenant un pastillage agréable. Je suis arrivé à ce but après avoir observé l'action particulière d'une chaleur modérée et quelque tems continuée sur le principe amer du Lichen quand il est séparé de la partie amilacée. C'est au mode de préparation employé chez moi que sont dus les heureux résultats de l'administration de ma Pâte de Lichen, et son fréquent emploi par les praticiens français et étrangers.

Note D, page 61.

La décoction préalable prescrite par le Codex, faite avec le plus grand ménagement, *remissius*, a toujours l'inconvénient de faire rejeter inutilement une partie de la gélatine du Lichen; il vaut donc mieux traiter d'abord par l'eau froide ou tiède.

FIN.

BIBLIOTHÈQUE ROYALE

www.ingramcontent.com/pod-product-compliance
Lightning Source LLC
Chambersburg PA
CBHW061401060726

47597CB00003B/938